TRACE & WRITE

ALPHABET CAPITAL AND small LETTERS

Published by

MAPLE PRESS PRIVATE LIMITED
Corporate & Editorial Office
A 63, Sector 58, Noida 201 301, U.P., India
phone +91 120 455 3581, 455 3583
email info@maplepress.co.in, website www.maplepress.co.in

Printed in 2022 at DD Offset Press, Noida, India

ISBN: 978-93-52231-96-6

15 14 13 12 11 10 9 8 7 6

AF704406

MAPLE KIDS

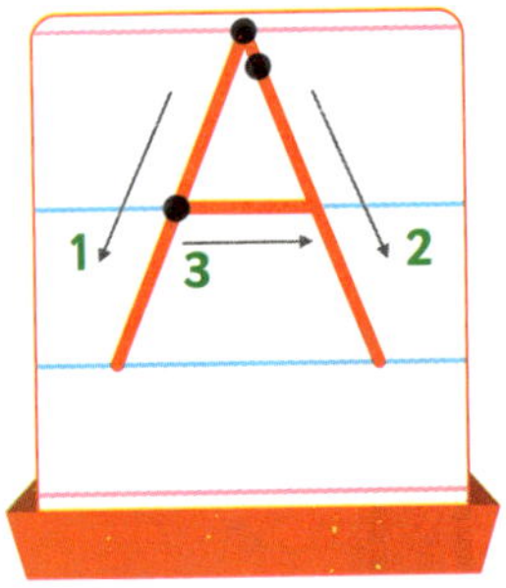

Angel

Ant

astronaut

aeroplane

a a a a a a a a a a

a a a a a a a

a a a a a a

a a a a a

a a a a

a a a

a a

a

Ball

Bus

bell

book

b b b b b b b b b b

b b b b b b b

b b b b b b

b b b b b

b b b b

b b b

b b

b

Cat

Camel

cap

car

c c c c c c c c c c

c c c c c c c

c c c c c c

c c c c c

c c c c

c c c

c c

c

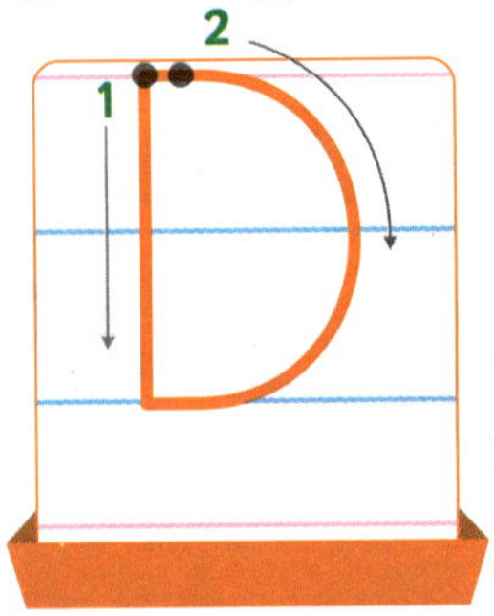

Dog

Duck

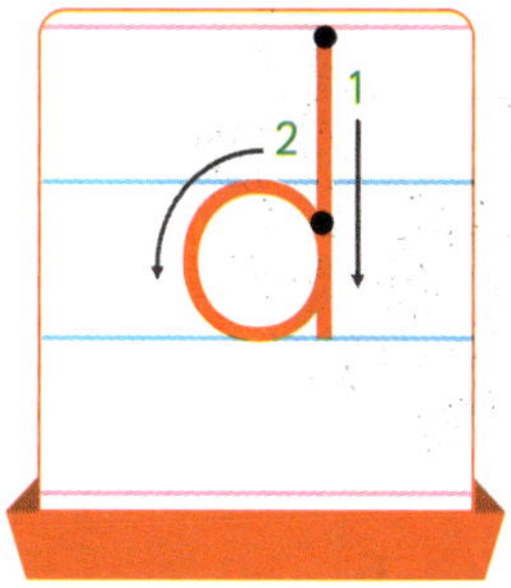

dolphin

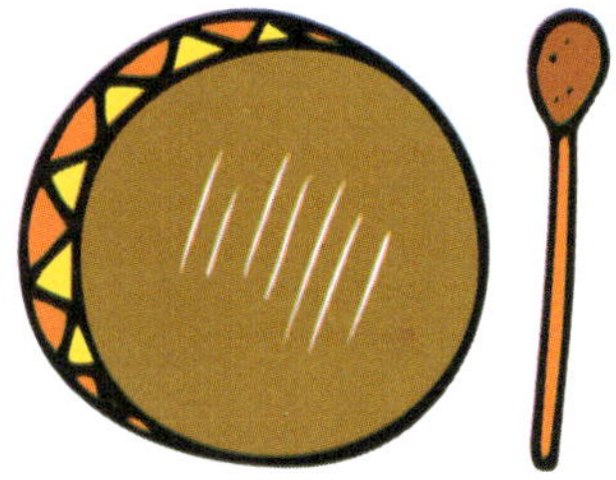

drum

d d d d d d d d d d

d d d d d d d

d d d d d d

d d d d d

d d d d

d d d

d d

d

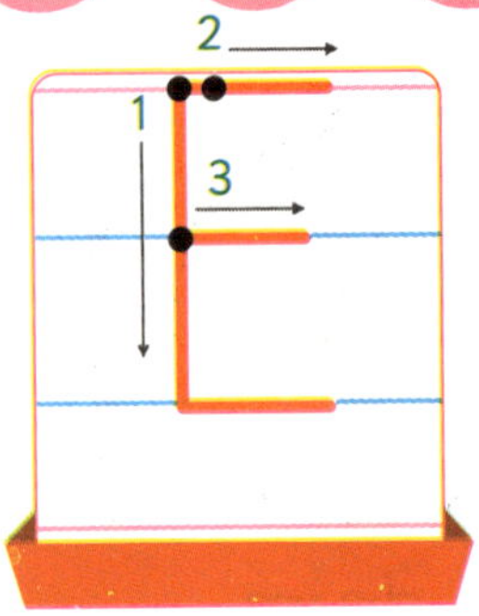

Egg

Eagle

E E E E E E E E

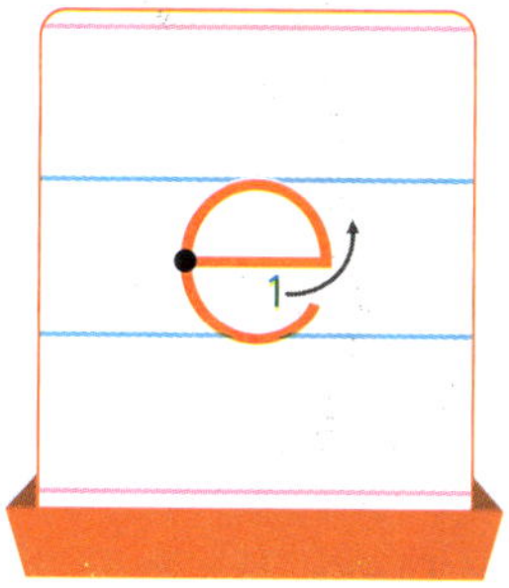

elephant

earth

e e e e e e e e e e

e e e e e e e

e e e e e e

e e e e e

e e e e

e e e

e e

e

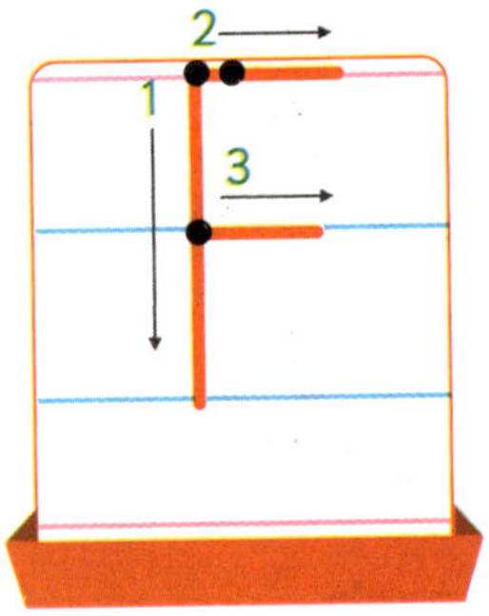

Fish

Fox

F F F F F F F F F F

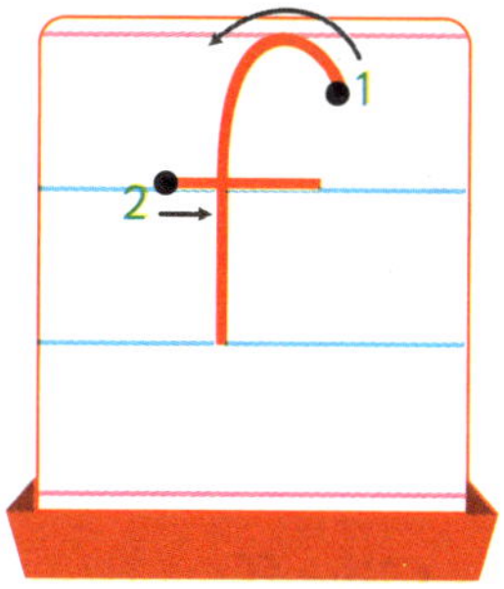

frog

flower

f f f f f f f f f f

f f f f f f f

f f f f f f

f f f f f

f f f f

f f f

f f

f

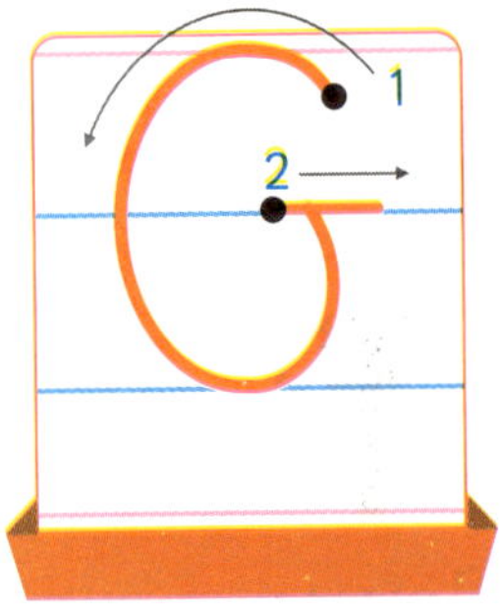

Grapes

Giraffe

goose

guava

g g g g g g g g g g

g g g g g g g

g g g g g g

g g g g g

g g g g

g g g

g g

g

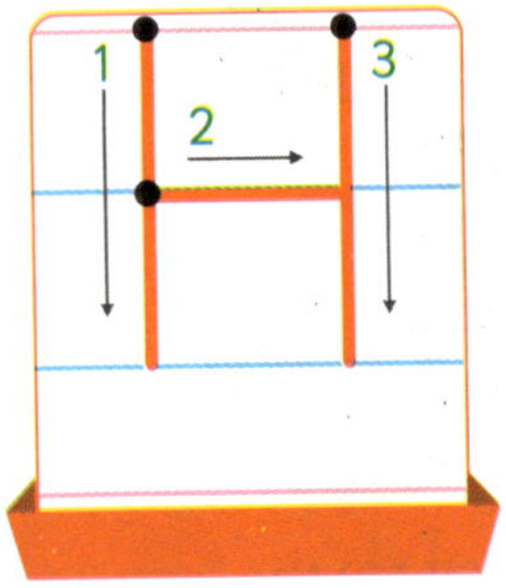

Horse

Hen

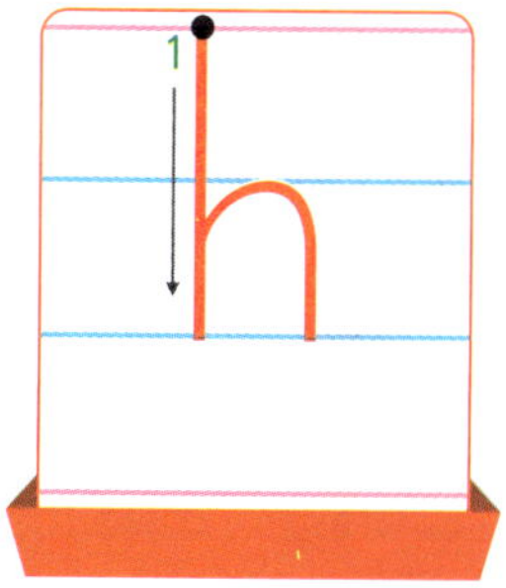

hat

helicopter

h h h h h h h h h h

h h h h h h h

h h h h h h

h h h h h

h h h h

h h h

h h

h

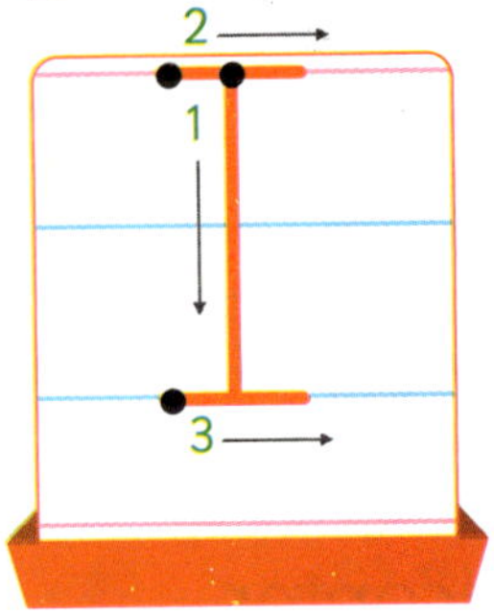

Igloo

Ice-cream

I	I	I	I	I	I	I	I	I	I
I	I	I	I	I	I	I			
I	I	I	I	I	I				
I	I	I	I	I					
I	I	I	I						
I	I	I							
I	I								
I									

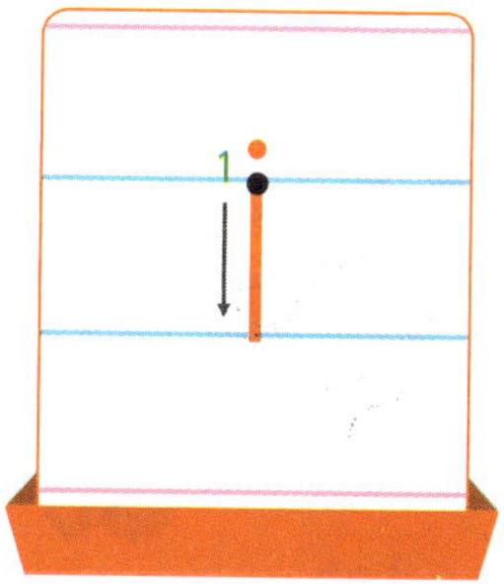

iguana

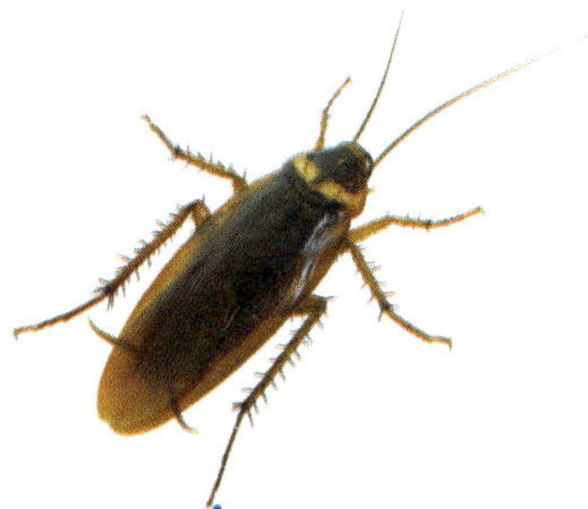

insect

i i i i i i i i i i

i i i i i i i

i i i i i i

i i i i i

i i i i

i i i

i i

i

Jam

Jet

J J J J J J J J J J

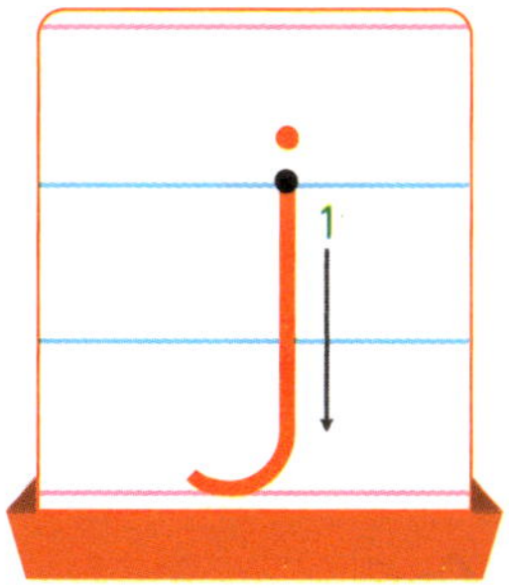

jellyfish

jacket

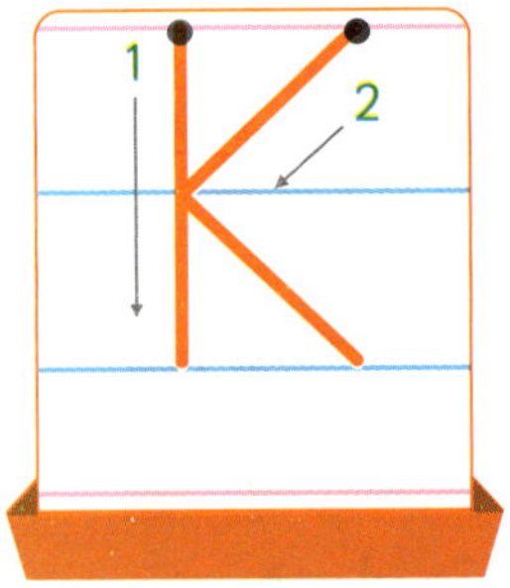

Kitten

Key

kite

kangaroo

k k k k k k k k k k

k k k k k k k

k k k k k k

k k k k k

k k k k

k k k

k k

k

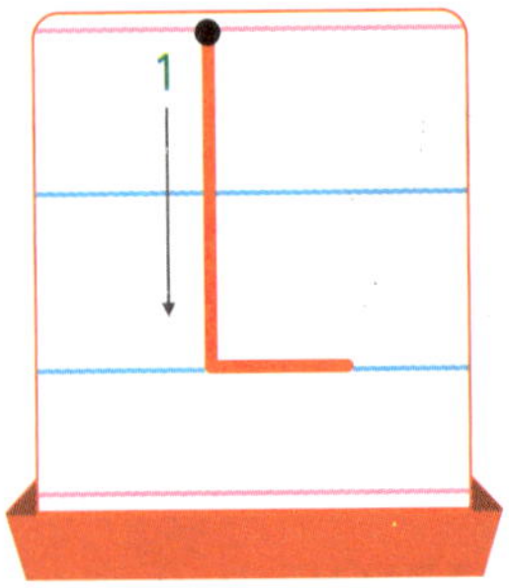

Lion

Lamp

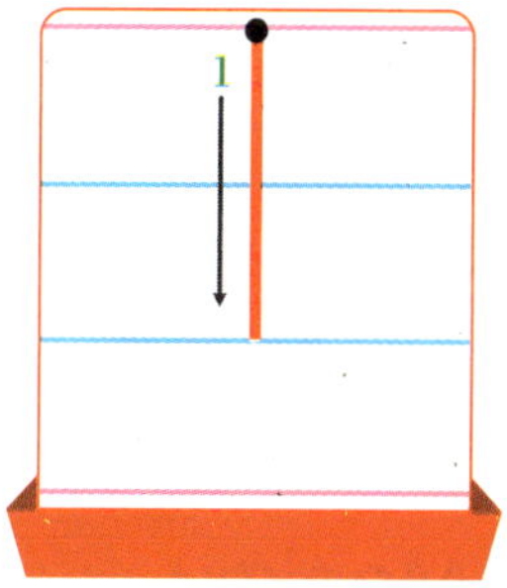

lemon

lotus

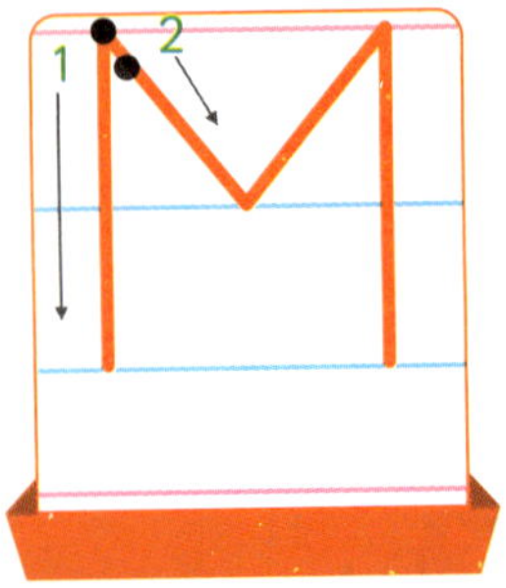

Mango

Monkey

M M M M M M M M M M

M M M M M M M

M M M M M M

M M M M M

M M M M

M M M

M M

M

motorcycle

moon

m	m	m	m	m	m	m	m	m	m
m	m	m	m	m	m	m			
m	m	m	m	m	m				
m	m	m	m	m					
m	m	m	m						
m	m	m							
m	m								
m									

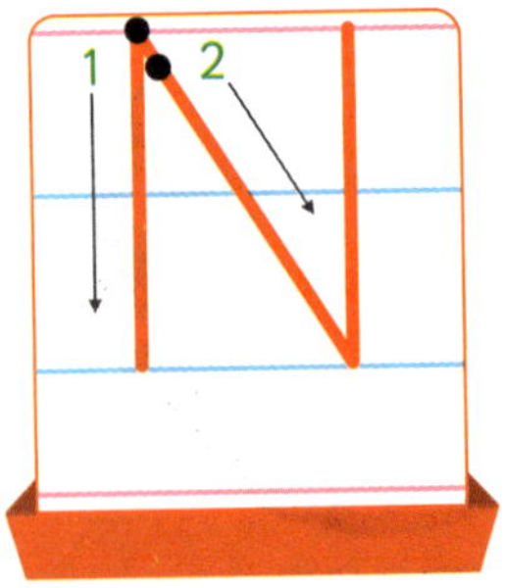

Nest

Notebook

needle

nurse

n n n n n n n n n n

n n n n n n n

n n n n n n

n n n n n

n n n n

n n n

n n

n

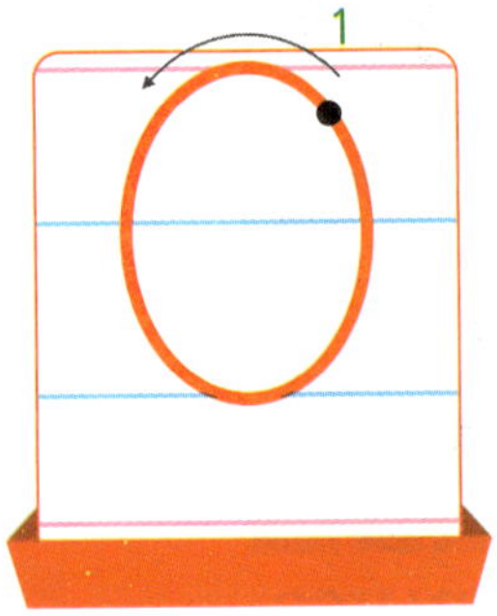

Owl

Orange

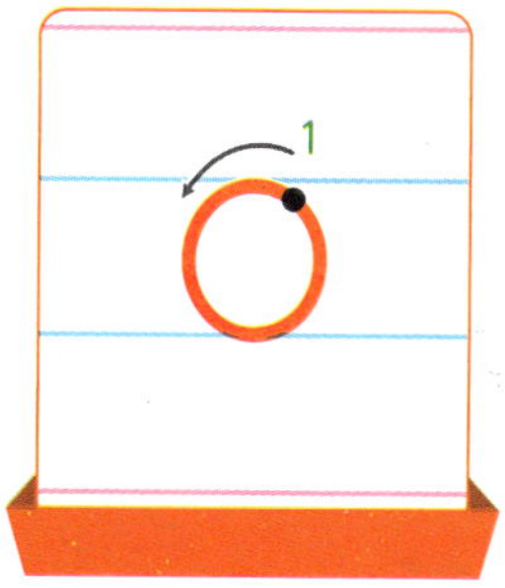

orchid

octopus

Parrot

Plant

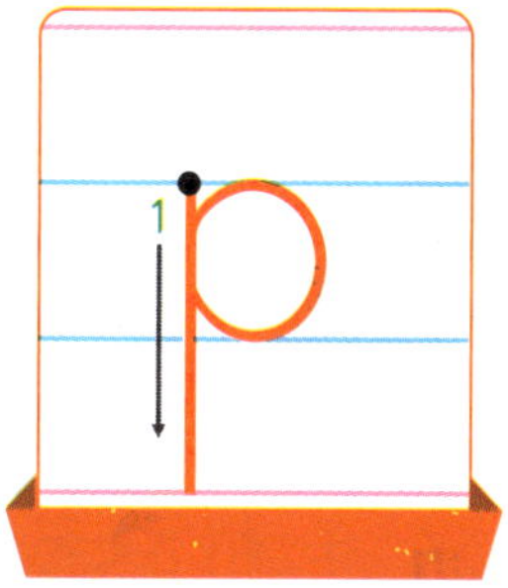

pencil

panda

p p p p p p p p p p

p p p p p p p

p p p p p p

p p p p p

p p p p

p p p

p p

p

Quilt

Quill

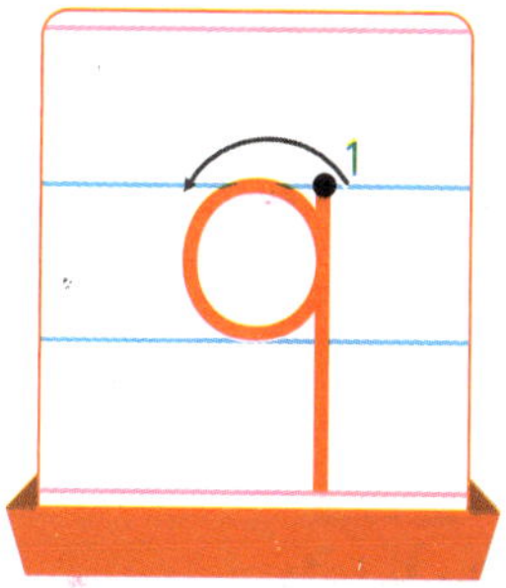

quail

queen

q q q q q q q q q q

q q q q q q q

q q q q q q

q q q q q

q q q q

q q q

q q

q

Rose

Rabbit

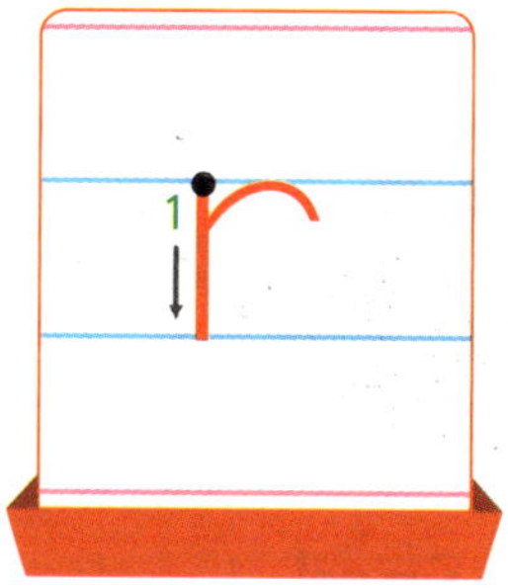

rainbow

rocket

r r r r r r r r r r

r r r r r r r

r r r r r r

r r r r r

r r r r

r r r

r r

r

Swan

Snail

sun

ship

s s s s s s s s s s

s s s s s s s

s s s s s s

s s s s s

s s s s

s s s

s s

s

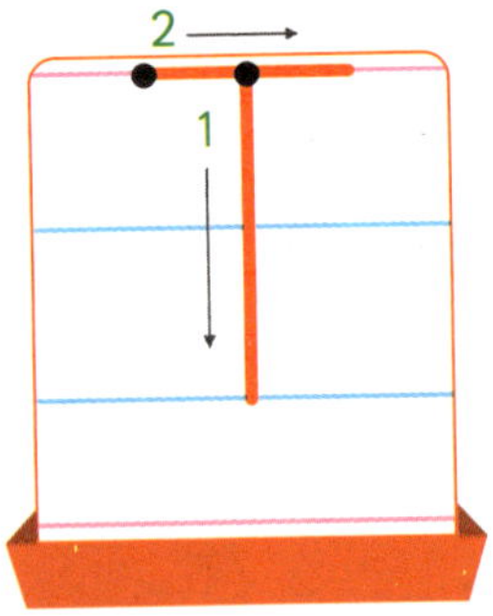

Tiger

Tomato

T	T	T	T	T	T	T	T	T	T
T	T	T	T	T	T	T			
T	T	T	T	T	T				
T	T	T	T	T					
T	T	T	T						
T	T	T							
T	T								
T									

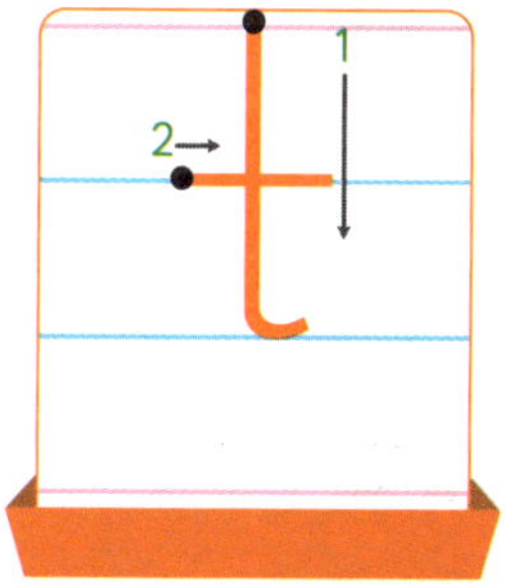

tortoise

train

t t t t t t t t

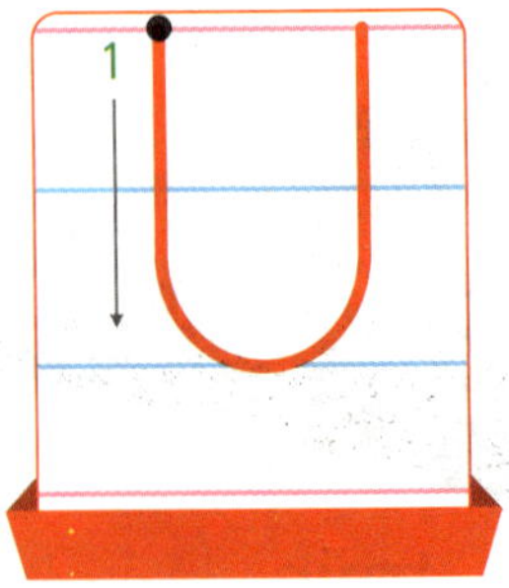

Umbrella

Umpire

ukulele

urn

u u u u u u u u u u

u u u u u u u

u u u u u u

u u u u u

u u u u

u u u

u u

u

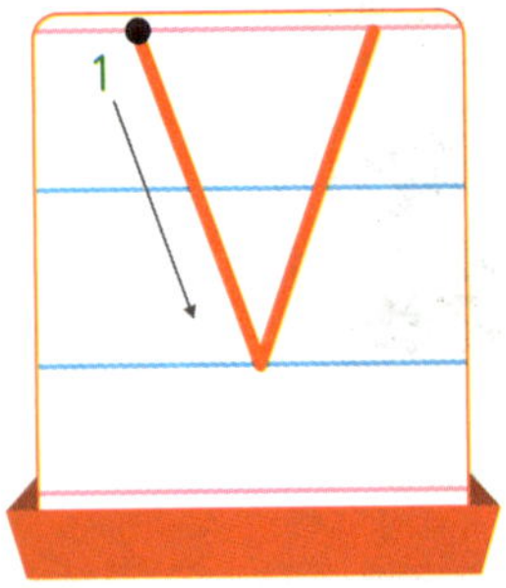

Van

Vulture

V V V V V V V V

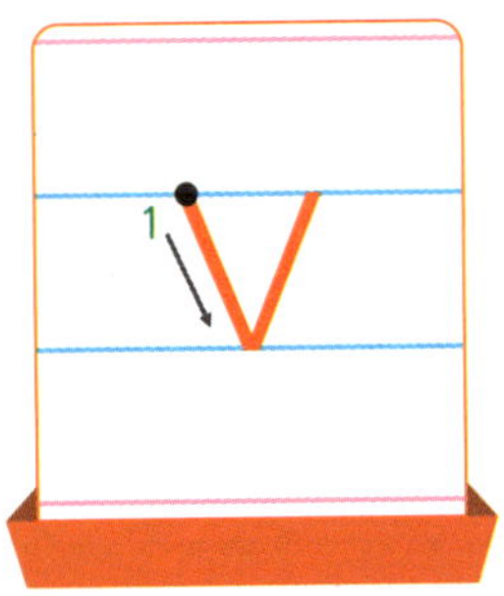

v v v v v v

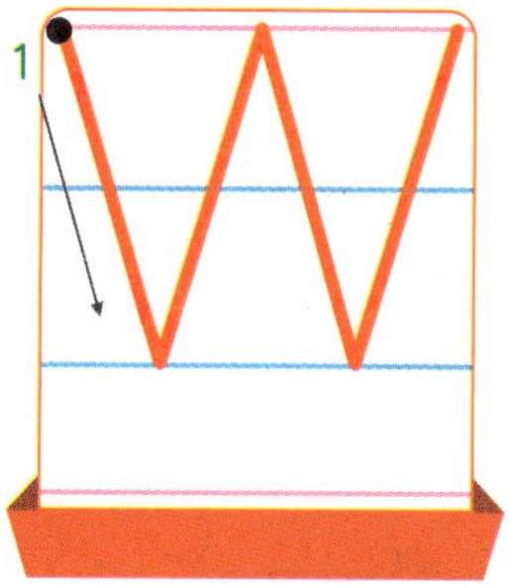

Watermelon

Whale

W W W W W W W W

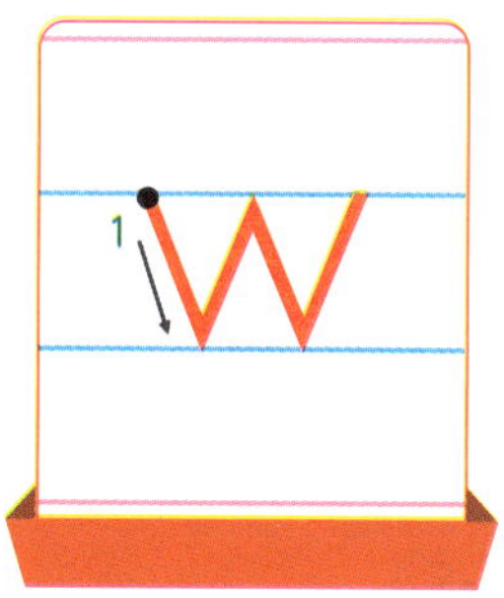

w w w w w w

Xenops

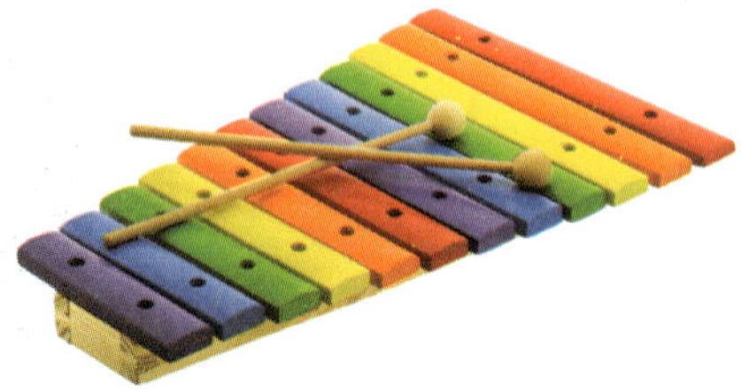

Xylophone

Yacht

Yak

Z

Zebra

Zoo

Z Z Z Z Z Z Z Z

z

z z z z z z